TANXUN SHENQI DE
DONGWU JIAYUAN KONGZHONG

探寻 神奇的 动物家园

空中

[加]莫妮卡·戴维斯/文 [西]罗米娜·马蒂/图

许若青/译

U0337070

江西美术出版社
全国百佳出版单位

昆虫和飞鸟在空中飞来飞去，时而高飞，时而盘旋，时而俯冲。有些在离地面很近的空中飞舞；有些直冲云霄！它们能飞多高呢？

瓢虫在花园里时而悬停，时而徘徊。它们拍打着轻柔的翅膀，从一朵花轻轻掠到另一朵花上。它们的膜翅隐藏在布满斑点的鞘翅下面。

瓢虫其实也可以飞得很高很高，最高可达1100米。这个高度比两个上海金茂大厦叠起来还要高。

越往高处去，气温就越低。不过，高山大黄蜂并不怕冷。它们住在很高的山上，那里有它们最爱的花儿。这些种蜂的口器尤其长，可以深入花蕊深处吸食花蜜，其他蜂类可做不到。

3,000

2,500

2,000

1,500 米

　　我们继续向上飞，越往上风速越快。昆虫们"乘着"风，可以飞得更快。黑脉金斑蝶就经常这样飞行。滑翔机飞行员曾经在3400米高空看到过黑脉金斑蝶，比低空的云彩还要高。

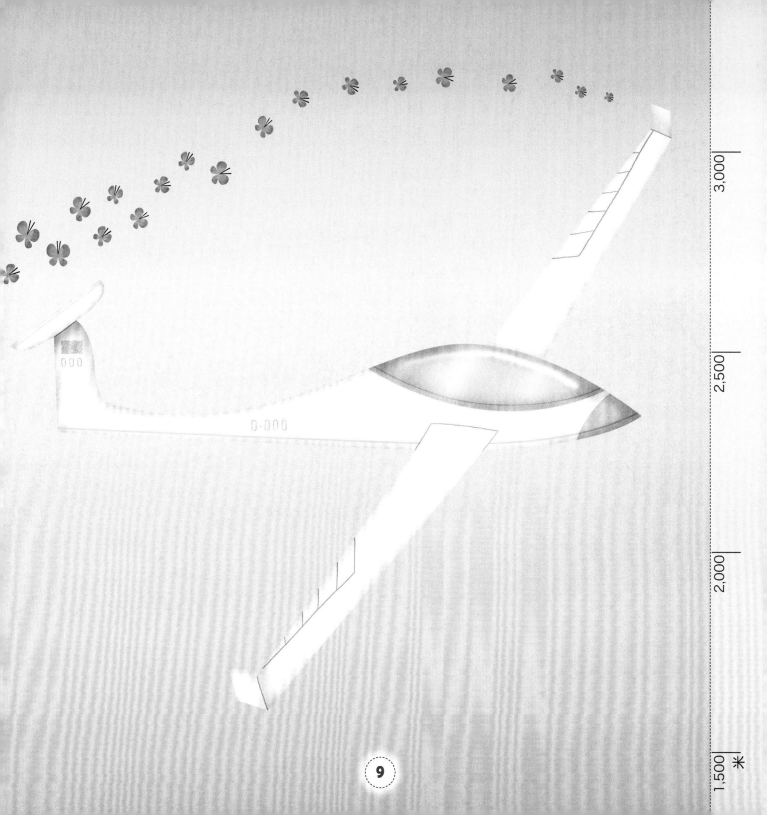

　　嗖嗖嗖！军舰鸟轻巧地从天空掠过。这些海鸟可以连续飞行好几个月而不着陆。它们在云中穿梭飞翔。

4,000

3,500

3,000

2,500

2,000 米

有人在4000米的高空看到过军舰鸟。一般的直升机都飞不到这么高！

　　安第斯山脉横亘在南美洲的西部边缘。安第斯秃鹫就住在这里，这可是世界上最大的猛禽。安第斯秃鹫为了捕捉猎物，可以飞得很高很高。

6,000

5,000

4,000

3,000 米

它们的体重可达15千克！为了能够飞起来，这种猛禽需要很长很长的翅膀。它们可以乘着暖气流飞到5500米的高空。

呱呱呱！听到叫声了吗？这是绿头鸭！它们的头是醒目的绿色，泛着油亮的光，很容易分辨。绿头鸭生活在世界各地的水系里，但它们也能飞到天上。你可以看到它们在空中排成"人"字形。它们扑棱着翅膀可以飞到6400米的高度。

6,000

5,000

4,000

3,000 米

亚洲的喜马拉雅山是世界上最高的山脉。喜马拉雅山的山顶空气稀薄，连呼吸都很困难，飞行就更难了。

斑头雁却能飞越喜马拉雅山脉。为了节省能量，它们的飞行轨迹就跟过山车的运行轨迹一样：先向上飞，再向下，再向上。

7,000

6,000

5,000

4,000

3,000 米

11,000

10,000

9,000

米

来认识一下黑白兀鹫吧。这是世界上飞得最高的鸟类。它们的飞行高度可以和喷气式飞机比肩！它们能飞到11000米的高空。黑白兀鹫非常强壮。在高空，空气稀薄。但这些鸟却可以在氧气含量稀少的情况下更为有效地吸入氧气。

这些动物是天生的飞行员。它们中有的翅膀强壮，另一些则体重较轻。对于它们来说，天空就是它们的家。

黑白兀鹫

飞行高度

安第斯秃鹫

绿头鸭

斑头雁

黑脉金斑蝶

军舰鸟

高山大黄蜂

瓢虫

12,000

10,000

8,000

6,000

4,000

2,000

0
米

词汇：

俯冲： 以高速度和大角度从空中向下飞。

悬停： 飘在空中，不向任何方向移动。

掠过： 轻轻擦过或拂过。

山顶： 山的顶部，山最高的地方。

兀鹫： 鸟，身体大，全身棕黑色，头部颈部裸出，但有绒毛，嘴大而尖锐，呈钩状，栖息高山，是猛禽，以尸体和小动物为食物。

氧气： 空气中的氧分子组成的气态物质，无色无味，是维持生命必需的。

图书在版编目（CIP）数据

探寻神奇的动物家园．6，空中 ／（加）莫妮卡·戴
维斯文 ；（西）罗米娜·马蒂图 ；许若青译． -- 南昌 ：
江西美术出版社，2021.7
ISBN 978-7-5480-7941-5

Ⅰ．①探… Ⅱ．①莫… ②罗… ③许… Ⅲ．①动物—
儿童读物 Ⅳ．① Q95-49

中国版本图书馆 CIP 数据核字 (2020) 第 261228 号

版权合同登记号 14-2020-0170

HOW HIGH IN THE SKY? FLYING ANIMALS
Copyright © 2019 Amicus.
Simplified Chinese copyright © 2021 by Beijing Balala Culture Development Co., Ltd.

出 品 人：周建森
企　　划：北京江美长风文化传播有限公司
策　　划：巴拉拉
责任编辑：楚天顺 朱鲁巍
特约编辑：吴　迪
美术编辑：童　磊 周伶俐
责任印制：谭　勋

探寻神奇的动物家园　空中
TANXUN SHENQI DE DONGWU JIAYUAN　KONGZHONG

[加]莫妮卡·戴维斯／文　[西]罗米娜·马蒂／图　许若青／译

出　　版：江西美术出版社
地　　址：江西省南昌市子安路 66 号
网　　址：www.jxfinearts.com
电子信箱：jxms163@163.com
电　　话：0791-86566274 010-82093785
发　　行：010-64926438
邮　　编：330025
经　　销：全国新华书店

印　　刷：北京宝丰印刷有限公司
版　　次：2021 年 7 月第 1 版
印　　次：2021 年 7 月第 1 次印刷
开　　本：889mm×1194mm 1/20
总 印 张：7.2
ISBN 978-7-5480-7941-5
定　　价：128.00 元（全 6 册）

TANXUN SHENQI DE
DONGWU JIAYUAN DIXIA

探寻 神奇的 动物家园

地 下

[加]莫妮卡·戴维斯 / 文　[西]罗米娜·马蒂 / 图

许若青 / 译

江西美术出版社
全国百佳出版单位

并非所有的生物都待在地面上接受阳光普照。有些动物的窝是建在地面以下的！这些地下的窝洞各不相同。我们将动物的这种藏身之处叫作洞穴。在那里，动物的生活很神秘。

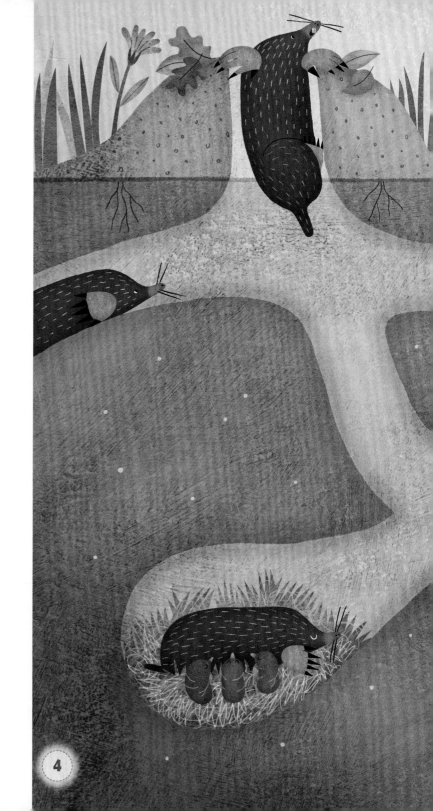

广袤、开阔的大草原，那里的土地里藏着很多动物。鼹鼠是挖掘之王。它们终生都在地下度过。

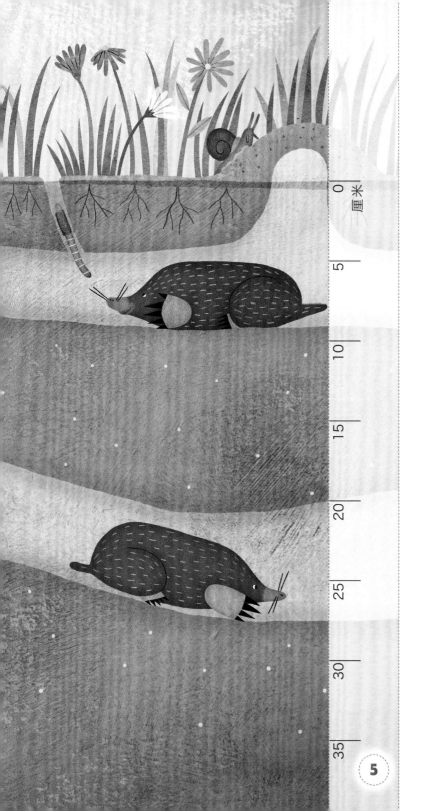

厘米

0

5

10

15

20

25

30

35

为了方便行动，它们挖掘出很多地下通道。这些迷宫般的通道就是它们的家。它们的洞穴一般在地下30厘米左右的地方。

鼹鼠吃蚯蚓，而蚯蚓也在土里打洞。蚯蚓吃土中腐烂的植物和其他一些东西。土壤干燥的时候，蚯蚓为了寻找水源可以挖到地下2米的地方。

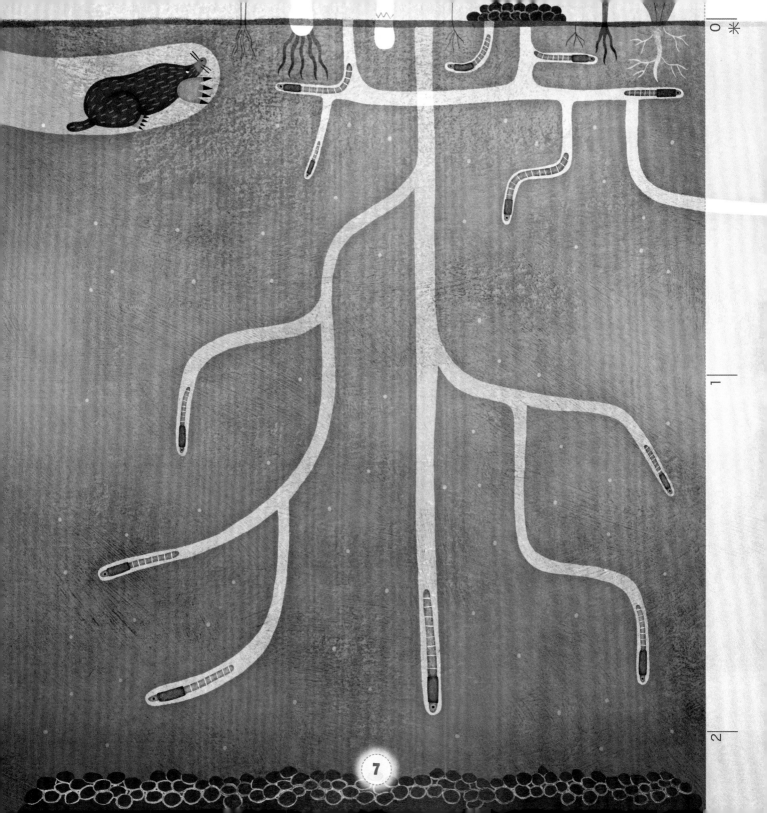

0

1

2

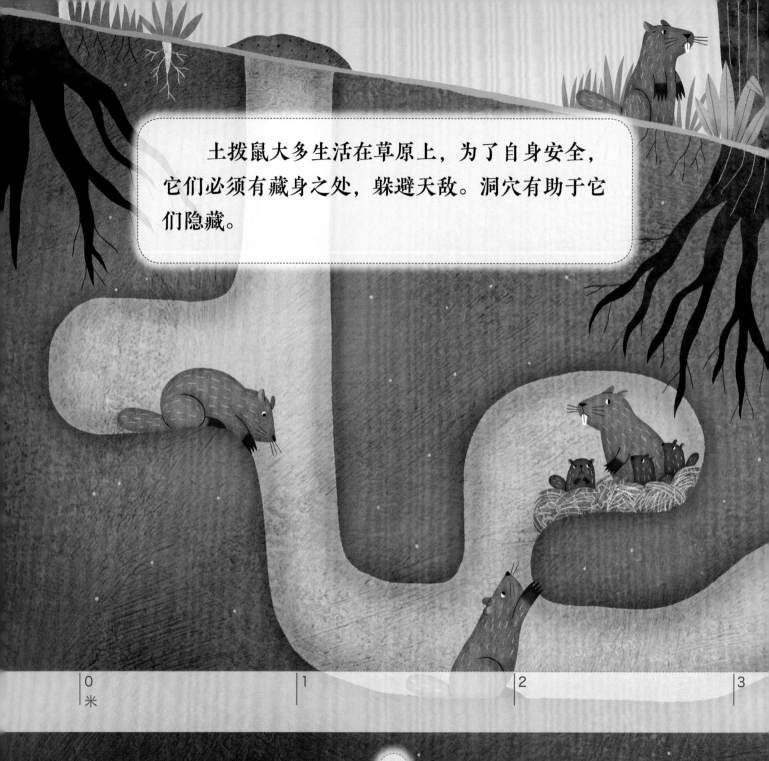

土拨鼠大多生活在草原上，为了自身安全，它们必须有藏身之处，躲避天敌。洞穴有助于它们隐藏。

0
米
1
2
3

土拨鼠的巢穴在地底下很深很深的地方。它们往往会给洞穴设计两三个出入口。这样，在遇到危险时，它们就有好几条逃生路径了。

9

对于一些土拨鼠废弃的洞穴，红狐狸有时候会对其进行再利用！当红狐狸妈妈快要生宝宝时，它就会找一个已经挖好的旧洞穴住进去。

0 1 2 3 4 5 6 7 8 9 10 11
米

然后，狐狸妈妈会对这个旧洞穴进行扩建。有些狐狸洞穴可以延伸至23米长。这比四台小型货车连起来的长度还要长！

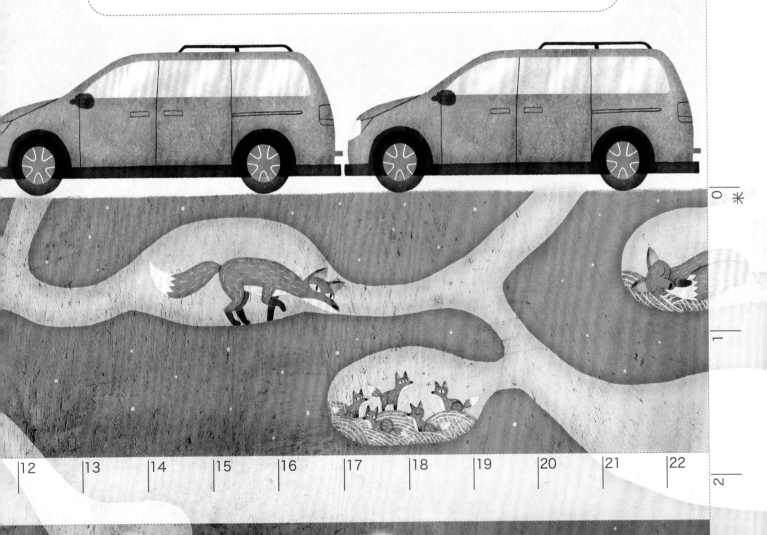

厘米

0

5

10

15

20

0
厘米

5

10 **12** 15 20

干燥炎热的沙漠里也藏着许多地洞。沙漠里白天炎热难当，很多动物都需要荫蔽。沙漠狼蛛只在夜间出来活动。白天，它们就舒服地躲在地下几厘米的洞穴里。它们会用蛛丝对洞穴内壁进行加固，以防止坍塌。

大多数蛙居住在潮湿的洞穴里。但也有一些蛙喜欢干燥的环境。在澳大利亚，储水蛙为了躲避高温，就住在地下。它们的洞穴里特别阴凉。它们待在洞穴里，直到雨季才出来。

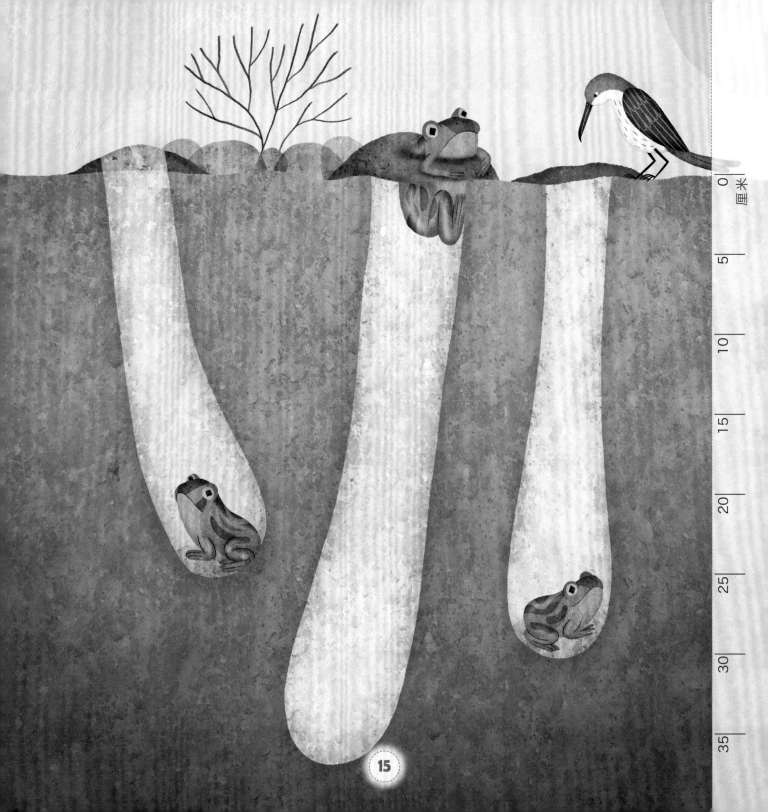

厘米

0

5

10

15

20

25

30

35

15

在撒哈拉沙漠南部，非洲食蚁兽夜间出没。它们是夜行动物。它们很喜欢打洞！它们的前臂和爪子强壮有力，有助于向下深挖土地，找蚂蚁和白蚁吃。

0 米　1　2　3　4　5　6

它们黑暗的洞穴可以达到6米深，13米长——长度跟一辆公共汽车差不多！

来认识一下跳鼠吧。它可以跳得很远，躲避捕食者！有时候，跳鼠会快速挖一个浅浅的洞躲起来。但它们用来居住的巢穴则在地下很深很深的地方，可深达2.4米。

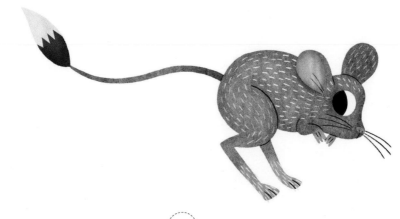

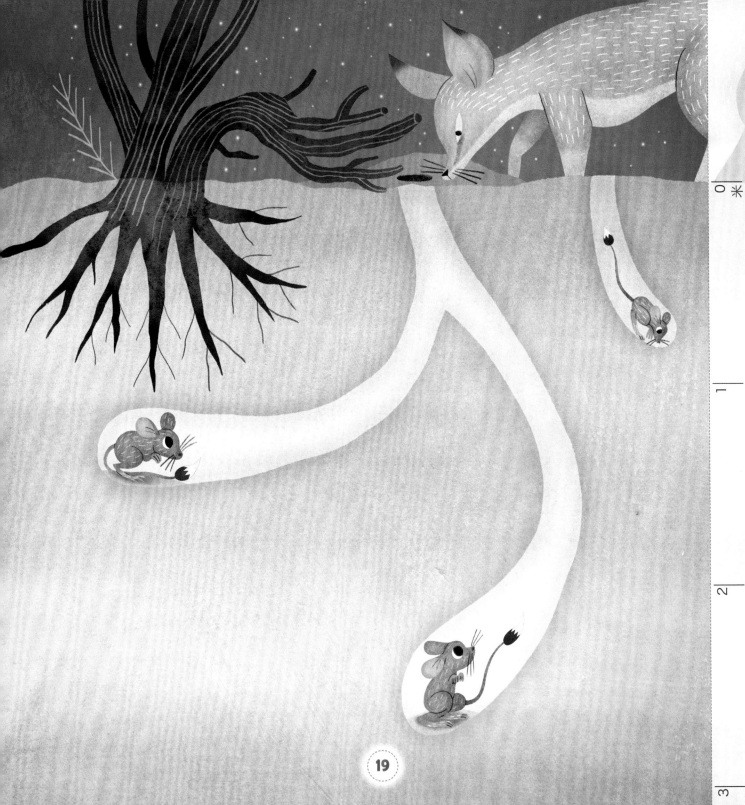

　　地下洞穴也可以蜿蜒盘旋！巨蜥挖地下洞穴就是呈螺旋形向下挖掘。巨蜥把卵产在洞穴的最底部。这种洞穴的形状可以迷惑敌人，让它们找不到入口！巨蜥的卵就安全了。

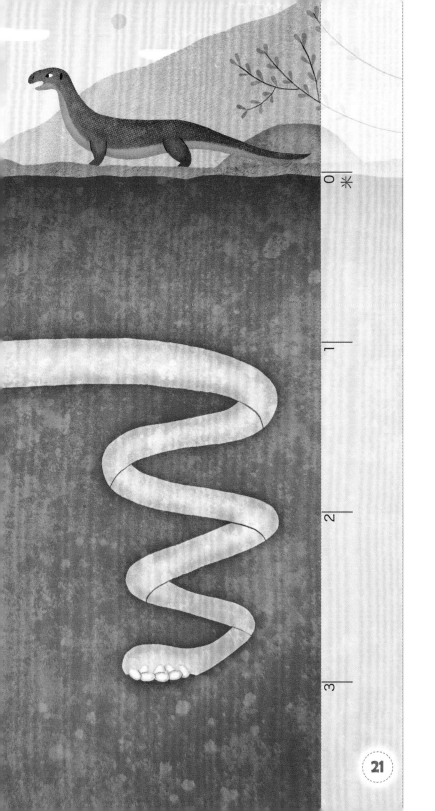

穴居动物享受着躲在地底的生活。你的脚下藏着另外一个世界！

它们都在哪儿？

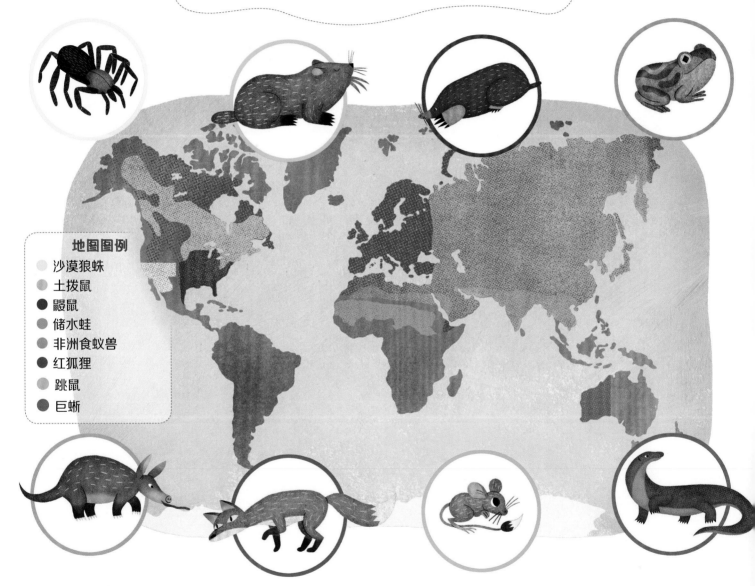

地图图例
- 沙漠狼蛛
- 土拨鼠
- 鼹鼠
- 储水蛙
- 非洲食蚁兽
- 红狐狸
- 跳鼠
- 巨蜥

词汇

洞穴： 地洞或山洞（多指能藏人或东西的）。

腐烂： 机体由于微生物的滋生而被破坏。

气候： 一定地区里经过多年观察所得到的概括性的气象情况。

打洞： 在地下挖出洞穴或者通道。

夜行的： 主要在夜间活动的。

图书在版编目（CIP）数据

探寻神奇的动物家园．2，地下 ／（加）莫妮卡·戴
维斯文；（西）罗米娜·马蒂图；许若青译．-- 南昌：
江西美术出版社，2021.7
ISBN 978-7-5480-7941-5

Ⅰ．①探… Ⅱ．①莫… ②罗… ③许… Ⅲ．①动物—
儿童读物 Ⅳ．① Q95-49

中国版本图书馆 CIP 数据核字 (2020) 第 261231 号

版权合同登记号 14-2020-0170

HOW FAR UNDERGROUND? BURROWING ANIMALS
Copyright © 2019 Amicus.
Simplified Chinese copyright © 2021 by Beijing Balala Culture Development Co., Ltd.

出 品 人：周建森
企　　划：北京江美长风文化传播有限公司
策　　划：巴拉拉
责任编辑：楚天顺 朱鲁巍
特约编辑：吴 迪
美术编辑：童 磊 周伶俐
责任印制：谭 勋

探寻神奇的动物家园　地下
TANXUN SHENQI DE DONGWU JIAYUAN DIXIA

[加] 莫妮卡·戴维斯 / 文　[西] 罗米娜·马蒂 / 图　许若青 / 译

出　　版：江西美术出版社	印　　刷：北京宝丰印刷有限公司
地　　址：江西省南昌市子安路 66 号	版　　次：2021 年 7 月第 1 版
网　　址：www.jxfinearts.com	印　　次：2021 年 7 月第 1 次印刷
电子信箱：jxms163@163.com	开　　本：889mm×1194mm 1/20
电　　话：0791-86566274 010-82093785	总 印 张：7.2
发　　行：010-64926438	ISBN 978-7-5480-7941-5
邮　　编：330025	定　　价：128.00 元（全 6 册）
经　　销：全国新华书店	

TANXUN SHENQI DE
DONGWU JIAYUAN JIAXIANG

探寻 神奇的
动物家园

家乡

［加］莫妮卡·戴维斯/文　　［西］罗米娜·马蒂/图

许若青/译

江西美术出版社

全国百佳出版单位

2

每年，成千上万的动物都要经历一趟旅程。通常这段旅程都要经过数千千米的艰难跋涉。对于每一个物种来说，这趟旅程都有着非凡的意义。有些动物靠飞行，有些动物靠攀爬，还有很多动物需要游过很长很长的路程。但是，它们要去的是哪儿呢？

季节交替，气候变换。春天下雨，树木生长。但冬天阳光渐弱，天气转冷。

　　换季时，为了生存，许多动物要经过长途旅行，前往它们过冬的巢穴。这趟旅行就被称为迁徙。咱们一起来和这几位"旅行家"打个招呼吧！

有些迁徙的路程很短！美国伊利诺伊州的肖尼国家森林里生活着很多蛇。夏天，这些爬行动物挤在湿地里。但是每当冬天到来，它们就溜走了，爬到道路对面的冬季居所里去。那里干燥的峭壁有助于保暖。

　　每年，澳大利亚大陆附近的圣诞岛上都要举行一场盛大的迁徙游行。这座岛是红蟹的家园。每当雨季来临，这些红蟹就该动身了。

所有的红蟹都在同一时间出动，密密麻麻地向海里爬去。进入海水中，红蟹们就开始产卵。它们的宝宝就在海里出生。

印度尼西亚

圣诞岛

天气温暖时大角羊浪迹在落基山脉的高处。但是当天气转冷，高海拔地区的植物开始凋亡，这时候大角羊就得搬家了。它们开始顺着陡峭的山坡往下迁徙。在海拔低一些的地方，它们可以找到能够咀嚼的植物。大角羊就是这样过冬的。

有些迁徙可真的是一场长途旅行，跋涉千山万水。嘎嘎嘎！你可能见过——或者听到过——大雁。这些长满羽毛的朋友每年冬天都要迁徙。

0
千米　　　　250　　　　500　　　　750　　　　1,000　　　　1,250

它们成群结队地向南方飞翔，寻找温暖的地方。它们一天可以飞行500—600千米。

1,500　　1,750　　2,000　　2,250　　2,500

　　临近冬天时，不单是鸟类向南迁徙，有些昆虫也向南迁徙。每到秋天，黑脉金斑蝶都向南飞，因为它们熬不过寒冷的冬天。有些人认为每年冬天抵达墨西哥的黑脉金斑蝶有10亿只！它们在这里找到另一半，直到春天来临再回到北方产卵，寻找食物。

千米

0

500

1,000

1,500

2,000

2,500

3,000

3,500

4,000

4,500

5,000

15

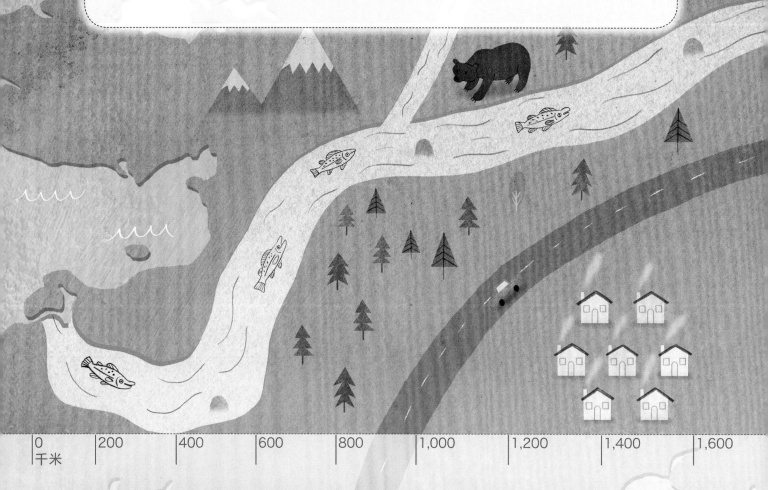

就连鱼都要搬家！王鲑在河里出生。当它们成长到一定时期就会游到海洋里。但是它们一定会回到河里产卵。为了回到河里，王鲑足足要游3200多千米。而且这一路它们要逆水流向上游游去！

0 200 400 600 800 1,000 1,200 1,400 1,600
千米

| 1,800 | 2,000 | 2,200 | 2,400 | 2,600 | 2,800 | 3,000 | 3,200 |

0
千米

1,000

2,000

3,000

4,000

5,000

6,000

有些鸟虽然身形很小，但也可以长途跋涉。棕煌蜂鸟以花蜜为食。它们离不开鲜花。冬天，它们就飞到阳光灿烂的墨西哥，因为那儿总可以找到盛开的鲜花。

北极燕鸥虽然身体小小的，但它们却拥有着全世界最长的迁徙路线！夏天，这种鸟在北极圈附近交配繁殖。当它们飞到南极的时候，正好赶上南极的夏季。

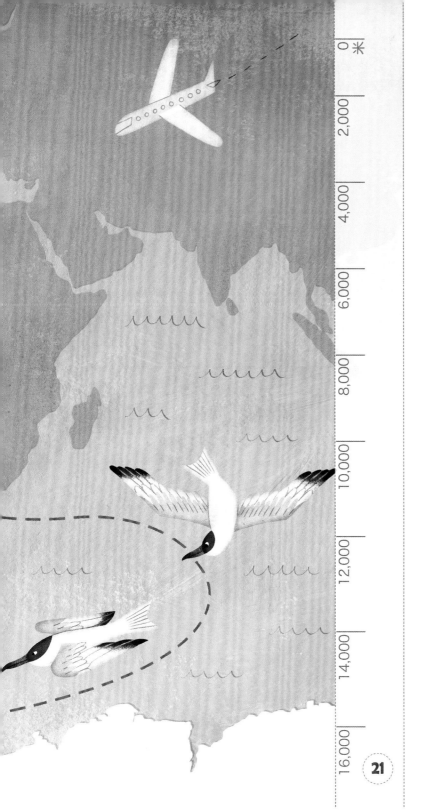

它们从北极到南极的迁徙路线是S形的，它们迁徙的往返路线总长可达96000千米！迁徙旅程永远是自然的一种奇迹。

北美洲动物迁徙路线

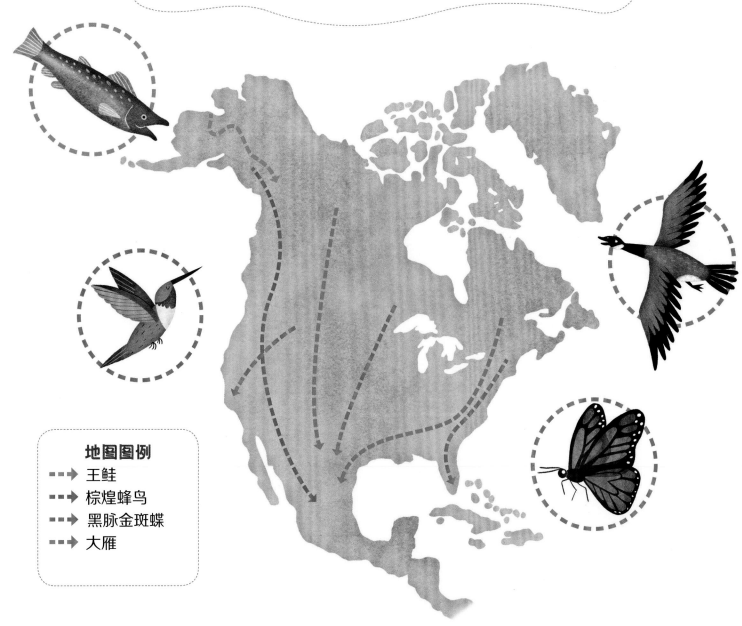

地图图例
- ---▶ 王鲑
- ---▶ 棕煌蜂鸟
- ---▶ 黑脉金斑蝶
- ---▶ 大雁

22

词汇

物种： 生物分类的基本单位，不同物种的生物在生态和形态上具有不同特点。

迁徙： 离开原来的所在地而另换地点。

爬行动物： 脊椎动物亚门的一纲，体表有鳞或甲，体温随着气温的高低而改变，用肺呼吸，卵生或卵胎生。

湿地： 靠近江河湖海而地表有浅层积水的地带，包括沼泽、滩涂、洼地等，也包括低潮时水深不超过6米的水域。

昆虫： 节肢动物门的一纲，身体分头、胸、腹三部分。头部有触角、眼、口器等。胸部有足三对，翅膀两对或一对，也有没有翅膀的。

花蜜： 花朵分泌出来的甜汁，能引诱蜂、蝶等昆虫来传播花粉。

图书在版编目（CIP）数据

探寻神奇的动物家园．3，家乡 ／（加）莫妮卡·戴维斯文 ；（西）罗米娜·马蒂图 ；许若青译．-- 南昌：江西美术出版社，2021.7
ISBN 978-7-5480-7941-5

Ⅰ．①探… Ⅱ．①莫… ②罗… ③许… Ⅲ．①动物—儿童读物 Ⅳ．① Q95-49

中国版本图书馆 CIP 数据核字 (2020) 第 261230 号

版权合同登记号 14-2020-0170

出 品 人：周建森
企　 划：北京江美长风文化传播有限公司
策　 划：巴拉拉
责任编辑：楚天顺　朱鲁巍
特约编辑：吴　迪
美术编辑：童　磊　周伶俐
责任印制：谭　勋

探寻神奇的动物家园　家乡
TANXUN SHENQI DE DONGWU JIAYUAN　JIAXIANG

[加] 莫妮卡·戴维斯 / 文　[西] 罗米娜·马蒂 / 图　许若青 / 译

出　　版：江西美术出版社		印　　刷：北京宝丰印刷有限公司	
地　　址：江西省南昌市子安路 66 号		版　　次：2021 年 7 月第 1 版	
网　　址：www.jxfinearts.com		印　　次：2021 年 7 月第 1 次印刷	
电子信箱：jxms163@163.com		开　　本：889mm×1194mm 1/20	
电　　话：0791-86566274 010-82093785		总 印 张：7.2	
发　　行：010-64926438		ISBN 978-7-5480-7941-5	
邮　　编：330025		定　　价：128.00 元（全 6 册）	
经　　销：全国新华书店			

探寻神奇的动物家园

TANXUN SHENQI DE
DONGWU JIAYUAN SHAN ZHONG

山中

[加]莫妮卡·戴维斯/文　[西]罗米娜·马蒂/图

许若青/译

江西美术出版社
全国百佳出版单位

山脉都有着高高耸起的山峰。它们绵延高耸，直入云端。你在爬山的过程中，可以看到眼前的风景不断变换。每座山都有多个不同的生物带。每一个生物带都很独特，里面生活着不同的植物和动物。

咱们开始爬山吧！第一站来到了一片大草原。这里海拔1200米。丛生禾草在这里随微风摇摆。仙人掌张开多刺的臂膀迎接阳光。长耳大野兔蹦来跳去。土狼偷偷摸摸地潜伏着。

1,800

1,700

1,600

1,500

1,400

1,300

1,200

接着往山上爬！很快我们就到达了山麓丘陵地带。这片生物带从海拔1800米处开始。这里的土壤里混有沙砾。

2,400

2,300

2,200

2,100

2,000

1,900

1,800 米

只有灌木和矮树生长在这一带。一只西灌丛鸦在四处乱飞，找寻食物。

"呼——！"我们爬到了2400米的高处，这里是山地森林带。在这一带，气温降低，雨雪很大。冷杉生长在阴凉处，落叶松则沿着阳光照耀的地带生长。小松鼠们躲在松树上，这些害羞的精灵们把窝搭在树枝之间。

9

3,000

2,900

2,800

2,700

2,600

2,500

2,400

不远处，白杨树密集生长。它们的树枝随着风摇动。

驯鹿也生活在这里。这些驯鹿是植食性动物，它们最爱的食物还包括白杨树皮。

3,000

2,900

2,800

2,700

2,600

2,500

2,400

米

继续往上爬呀！现在我们来到了亚高山带。这里海拔3000米。在这一生物带，一年中大多数时候都是皑皑白雪覆盖着大地。

3,500

3,400

3,300

3,200

3,100

3,000 米

这一生物带的气候特点
是：潮湿、风大、寒冷。但是
云杉和松树这些耐寒的植物还
是能在这里扎根。树木长得离
地面很近。

都有什么动物生活在亚高山带呢？看，刚刚冲过去的是雪兔。冬天里，白色的皮毛和雪的颜色融为一体，捕食者很难发现它们！猫头鹰躲在松树上。晚上，猫头鹰靠着夜色的掩护猎食老鼠。

3,500

3,400

3,300

3,200

3,100

3,000

最终，我们登上了山顶！现在到了高山带。高山带从海拔3500米开始向上延伸。

16

这里是苔原，暴风雪在这里是家常便饭。风很干燥，吹来冷空气。这一生物带没有树木生长，小型植物可以在这里发芽，但是生命周期短暂。夏天里，勿忘我会在这里开出蓝色的小花。

4,200

4,100

4,000

3,900

3,800

3,700

3,600

3,500

米

17

4,200

4,100

4,000

3,900

3,800

3,600

18

3,500

身材袖珍的鼠兔栖息在高山带。鼠兔四肢短小，主要吃草。它们会储存"干草堆"过冬。远处，大角羊在攀爬陡峭的山坡。它们可以蹦跳着爬到山的高处躲避捕食者。

山中的动物和植物都可以很好地适应各自所栖息生活的生物带的气候。山中的生命是一道美丽的风景！

21

山脉生物带

高山带
（3500—4400米）

大角羊

鼠兔

亚高山带
（3000—3500米）

猫头鹰

雪兔

山地森林带
（2400—3000米）

驯鹿

松鼠

丘陵地带
（1800—2400米）

西灌丛鸦

草原带
（1200—1800米）

长耳大野兔

土狼

词汇：

生物带：生物活动的范围和生物本身的统称。

丛生禾草：一种草，一簇一簇地生长，而不是长成平平的草地。

植食性：吃生长在草地或者牧场里的草或者其他植物。

捕食者：猎取其他动物当作食物的动物。

苔原：终年气候寒冷，地表只生长苔藓、地衣等的地区，多指北冰洋沿岸地区。

鼠兔：一种小动物，跟兔子有亲缘关系，生活在山里高海拔地区。

图书在版编目（CIP）数据

探寻神奇的动物家园．5，山中／（加）莫妮卡·戴
维斯文；（西）罗米娜•马蒂图；许若青译．-- 南昌：
江西美术出版社，2021.7
ISBN 978-7-5480-7941-5

Ⅰ．①探… Ⅱ．①莫… ②罗… ③许… Ⅲ．①动物—
儿童读物 Ⅳ．① Q95-49

中国版本图书馆 CIP 数据核字 (2020) 第 261227 号

版权合同登记号 14-2020-0170

HOW HIGH UP THE MOUNTAIN? MOUNTAIN ANIMAL HABITATS
Copyright © 2019 Amicus.
Simplified Chinese copyright © 2021 by Beijing Balala Culture Development Co., Ltd.

出 品 人：周建森
企　　划：北京江美长风文化传播有限公司
策　　划：巴拉拉
责任编辑：楚天顺 朱鲁巍
特约编辑：吴　迪
美术编辑：童　磊 周伶俐
责任印制：谭　勋

探寻神奇的动物家园　山中
TANXUN SHENQI DE DONGWU JIAYUAN SHANZHONG

[加] 莫妮卡·戴维斯 / 文　[西] 罗米娜·马蒂 / 图　许若青 / 译

出　　版：江西美术出版社	印　　刷：北京宝丰印刷有限公司
地　　址：江西省南昌市子安路 66 号	版　　次：2021 年 7 月第 1 版
网　　址：www.jxfinearts.com	印　　次：2021 年 7 月第 1 次印刷
电子信箱：jxms163@163.com	开　　本：889mm×1194mm 1/20
电　　话：0791-86566274 010-82093785	总 印 张：7.2
发　　行：010-64926438	ISBN 978-7-5480-7941-5
邮　　编：330025	定　　价：128.00 元（全 6 册）
经　　销：全国新华书店	

TANXUN SHENQI DE
DONGWU JIAYUAN SHUIXIA

探寻 神奇的 动物家园

水 下

[加]莫妮卡·戴维斯/文　[西]罗米娜·马蒂/图

许若青/译

江西美术出版社
全国百佳图书出版单位

快来跟太平洋打个招呼吧！这是世界上最深的一"桶"水。你是否想过，海里的动物到底能潜到多深的地方？咱们赶紧去探一探吧！

我们从上到下把太平洋划分为很多层，里面藏着无尽的宝藏。海洋表面是最明亮的一层，叫作阳光层。太阳微笑着将日光投射在这一层，照得海水暖洋洋的。

在靠近海岸的地带，海洋植物不断萌芽，生长成一片绿色的阴影。有些植物，比如微小的浮游植物，在整个海洋范围内漂浮。对于很多海洋生物来说，阳光层就是它们的家。

阳光层

0 米

5

10

15

20

25

30

35

40

45

一群绿海龟刚刚游过我们身边，它们喜欢在阳光层里享受温暖的日光。在阳光层里，海龟可以在浅水区找到生长密集的海草。海草是海龟最喜欢的一种食物，而要长出丰富的海草叶片，就需要充足的阳光。

5

10

15 阳光层

20

25

30

7

咱们继续向阳光层的更深处进发。这里离海面有93米。想象一下，假如自由女神像想来海里游个泳。以她的身高，一进来就可以踩到这个深度。

一只蓝鲸从我们身边游过，带起汹涌的暗流。蓝鲸的主食是磷虾，而且胃口超级大。它们必须潜到海里很深的地方才能找到足够的食物。

0 米

50

100 阳光层

150

200

9

米

150

300

450

暮光层

600

750

900

1,050

10

走，我们接着下潜。陡直下降一段时间，我们来到了暮光层。这一层的海水温度变低。阳光在这里因为水波的折射，从下往上看去犹如点点星光。植物在这一层无法生长。动物们为了在这黑暗地带生存下来也是绞尽脑汁。

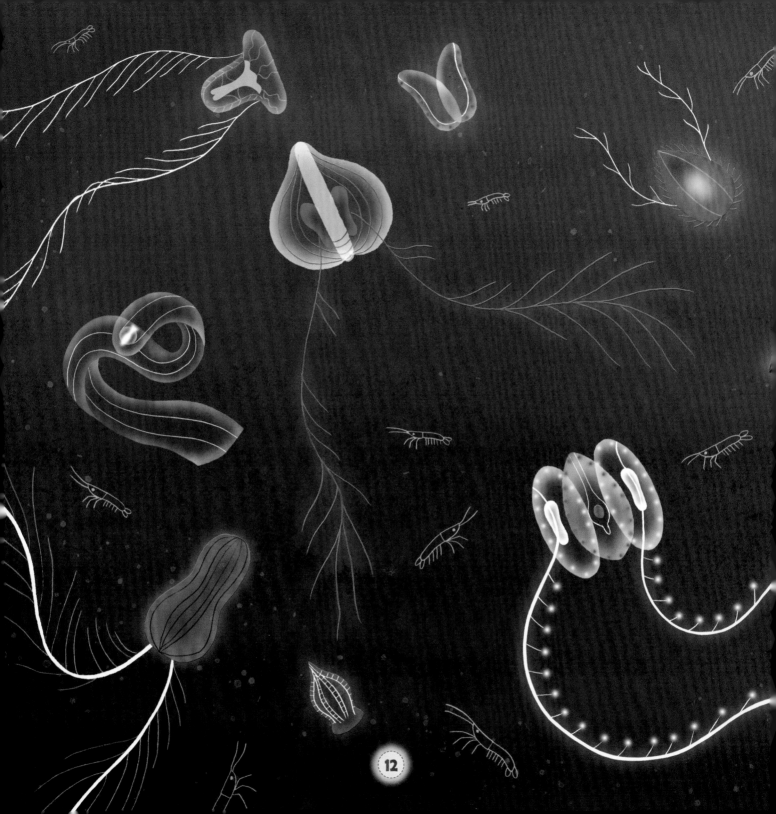

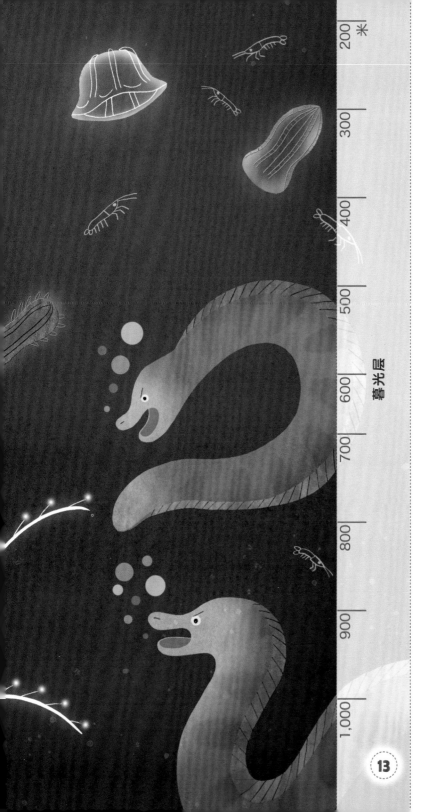

暮光层

栉水母在水中东漂西荡。这些水母，有些是透明的，有些是红色的。在海水深处，它们往往很难被发现。不过，有时栉水母会突然发光，唰！有些人认为，这是为了吓唬捕食者。

从我们面前游过的是深海斧头鱼。这些小小的、银色的鱼是扁的，看起来就像是被立起来的煎饼。圆圆的眼睛，让它们在黑暗中也能看得清周围的环境。这种鱼在水下最深可达1000米左右的地方都可以存活。这可超过两个上海环球金融中心大厦叠在一起的高度啊！

阳光层

暮光层

0 米
100
200
300
400
500
600
700
800
900
1,000
1,100
1,200

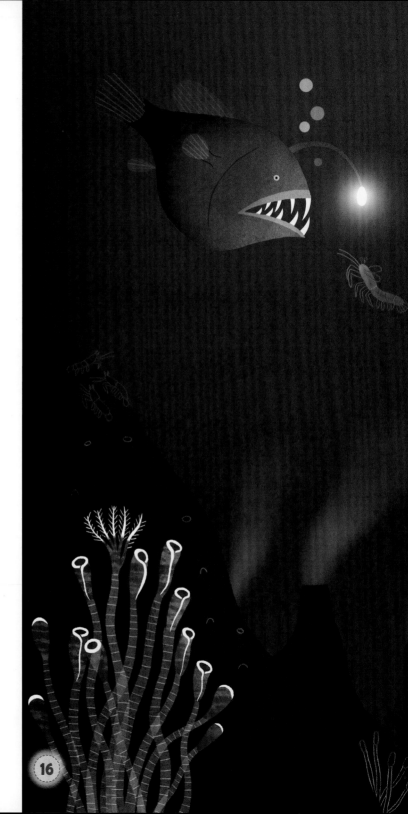

　　我们再往更深的地方去，阳光完全消失了。海水变得冰冷，像墨水一样黑漆漆的。这里是海洋的午夜区，看起来冷冷清清的。

但是，有些鱼照亮了这片黑暗的海水。鮟鱇鱼头上有一根"鱼竿"。鱼竿顶端可以发光引来了虾。接着，猛地咬一大口！鮟鱇鱼狼吞虎咽地把虾塞进肚子里。

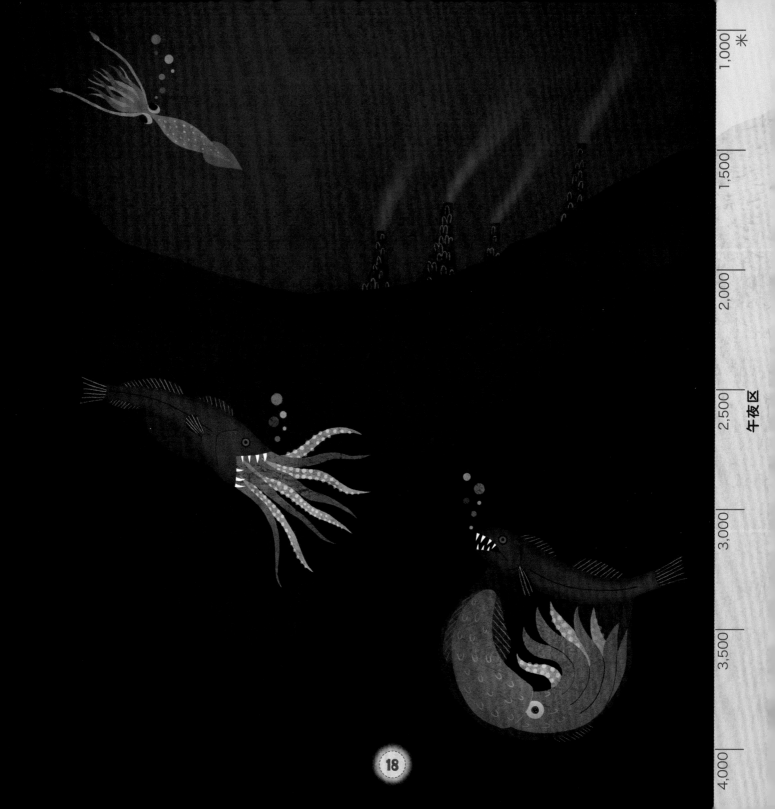

1,000 米

1,500

2,000

午夜区

2,500

3,000

3,500

4,000

18

黑叉齿鱼不停地四处巡游，寻找食物。有时候，它要等很久才能吃上下一顿饭。黑叉齿鱼的胃弹性特别大。它能吞掉比自己身体大一倍的鱼！如此一来，它便可以很长时间不感觉到饥饿。

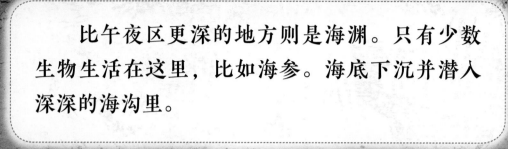

比午夜区更深的地方则是海渊。只有少数生物生活在这里，比如海参。海底下沉并潜入深深的海沟里。

挑战者深渊是最深的海沟——也是太平洋的洋底。这条海沟深约11000米。比喜马拉雅山的高度还高！海沟里还有很多值得我们去探索与开发的东西。

暮光层

午夜区

2,500

5,000

海渊

7,500

海沟

10,000

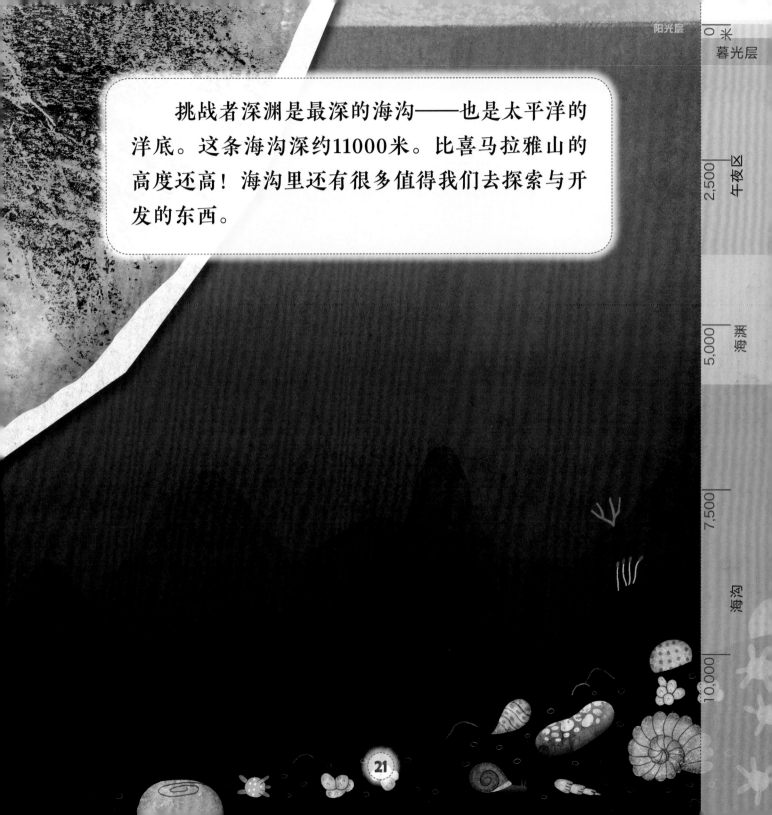

海洋的层区

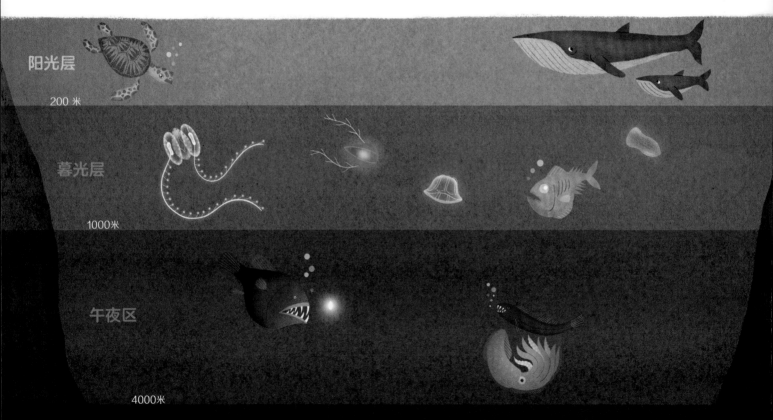

阳光层

200 米

暮光层

1000米

午夜区

4000米

海渊

词汇

阳光层： 海洋的第一层，从海平面到水下200米。

暮光层： 海洋的第二层，水面下200米至1000米。

午夜区： 海洋的第三层，水面下1000米至4000米。

海渊： 海洋的一个层区，离海洋底部很近，位于水面下4000米至6000米。

海沟： 深度超过6000米的狭长的海底凹地。

透明： （物体）能透过光线。

海产： 海中的或与海洋相关的，或者海洋里出产的植物和动物。

磷虾： 海洋中非常细小的生物，是某些鲸类的主要食物。

图书在版编目（CIP）数据

探寻神奇的动物家园．1，水下／（加）莫妮卡·戴维斯文；（西）罗米娜·马蒂图；许若青译. -- 南昌：江西美术出版社，2021.7
ISBN 978-7-5480-7941-5

Ⅰ．①探… Ⅱ．①莫… ②罗… ③许… Ⅲ．①动物—儿童读物 Ⅳ．① Q95-49

中国版本图书馆 CIP 数据核字 (2020) 第 261226 号

版权合同登记号 14-2020-0170

HOW DEEP IN THE OCEAN? OCEAN ANIMAL HABITATS
Copyright © 2019 Amicus.
Simplified Chinese copyright © 2021 by Beijing Balala Culture Development Co., Ltd.

出 品 人：周建森
企　　划：北京江美长风文化传播有限公司
策　　划：巴拉拉
责任编辑：楚天顺　朱鲁巍
特约编辑：吴　迪
美术编辑：童　磊　周伶俐
责任印制：谭　勋

探寻神奇的动物家园　水下
TANXUN SHENQI DE DONGWU JIAYUAN　SHUIXIA

[加] 莫妮卡·戴维斯 / 文　[西] 罗米娜·马蒂 / 图　许若青 / 译

出　　版：江西美术出版社	印　　刷：北京宝丰印刷有限公司
地　　址：江西省南昌市子安路 66 号	版　　次：2021 年 7 月第 1 版
网　　址：www.jxfinearts.com	印　　次：2021 年 7 月第 1 次印刷
电子信箱：jxms163@163.com	开　　本：889mm×1194mm 1/20
电　　话：0791-86566274　010-82093785	总 印 张：7.2
发　　行：010-64926438	ISBN 978-7-5480-7941-5
邮　　编：330025	定　　价：128.00 元（全 6 册）
经　　销：全国新华书店	

探寻神奇的动物家园

TANXUN SHENQI DE
DONGWU JIAYUAN YULIN

神奇的

雨林

[加]莫妮卡·戴维斯/文　[西]罗米娜·马蒂/图

许若青/译

江西美术出版社
全国百佳出版单位

欢迎来到热带雨林！亚马孙热带雨林隐匿在南美洲，这是一个丰富多彩的多样化世界。数以百万计的物种都生长在这片雨林里。

快进来看看吧！雨林的最底层是森林地被层。在这里，太阳光很难穿透厚厚的植被照射到地面。所以，这里太黑了，长不出什么东西来。

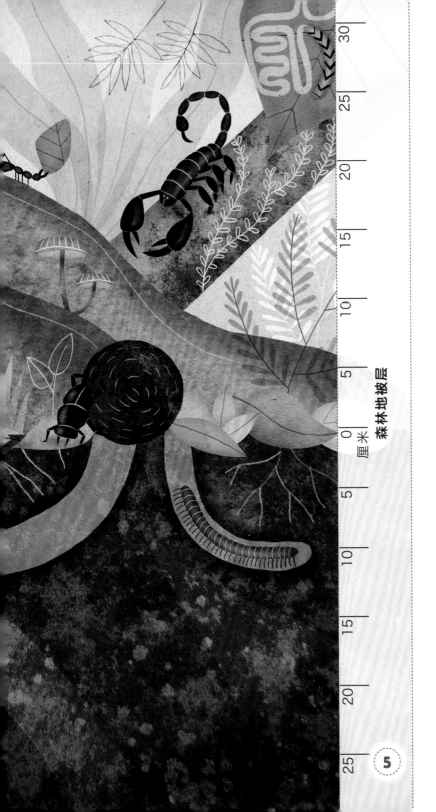

森林地被层

30
25
20
15
10
5
0 厘米
5
10
15
20
25

有很多"资源回收者"隐藏在土壤里。蜈蚣、鼻涕虫、甲虫、白蚁等都以腐烂的树叶为食。它们的粪便则给土壤增加了养分。

森林的地被层养活着很多动物。看，这是大犰狳。它的爪子天生是用来挖洞的。对于大犰狳来说，各种甲壳虫和爬虫都是美味佳肴。野猪，可以在这里找到虫子和植物的根部来作为食物。小型啮齿类动物也可以在土壤里找到食物。

1.5

1

0.5

0

米

7

往上一层是下层植被层。这里仍然树荫重重，只有一点点阳光能够透进来。为了尽量多吸收一些阳光，生长在这一层的植物都纷纷长出了宽宽的大片叶子。

下层植被层

5

4

3

2

1

0 米

你是不是一眼就注意到了红眼树蛙？它们闪亮亮的双眼总是可以吓天敌一大跳。红眼树蛙喜爱栖息在树影之中。这里潮湿的空气可以让它们的皮肤保持湿润。

10

　　阴暗的环境对于捕食者来说也是非常有利的。美洲豹藏身于树木之间，紧接着，一个猛扑，将猎物扑倒在地！它们的捕猎对象一般是生活在地被层的动物。

下层植被层

5

4

3

2

1

0
米

11

再往上就是热带雨林的"屋顶"了。在这一区域，树枝交织缠绕在一起。这些交织的枝叶形成一层厚厚的遮盖，叫作林冠层。林冠层可以达到十层楼的高度。

林冠层

30 米

25

20

15

10

5

树懒蜷在树冠里。它们在这里可以尽情地享用树叶。睡觉的时候，它们长长的爪子牢牢地勾住树枝，睡得稳稳的。

13

生长在林冠层的动物和植物都适应了这里的高度和湿度。这一层的叶子形状生长得适合雨滴快速滴落。住在这一高度的动物大多会飞、跳跃，或者抓着藤蔓飞荡。看，刚刚飞过的是巨嘴鸟。蜘蛛猴从一棵树荡到另一棵树上，它在寻找水果吃。

30
29
28
27
26
25
24
23
22
21

米

林冠层

15

往上看啊，更高的地方！雨林的最顶端被称为露生层。这一层，是由长得最高的树木——可以长到60米高——的树顶构成。这一层温度很高，因为可以受到阳光充分的照射。

在雨林的露生层，每天的生活都不一样。有些日子，大雨倾盆；但在很多日子里都是艳阳高照，晴朗干燥的。这些高高的树木的叶片大多小小的，还有一层"蜡质层"，这样有助于在天气干燥的时候保留水分。

60

55

50

45 露生层

40

35

30

米

能够栖息在这样高度地方
的动物一定身手敏捷！松鼠猴
脚步轻快。它们可以在细细的
树枝上一路奔跑。

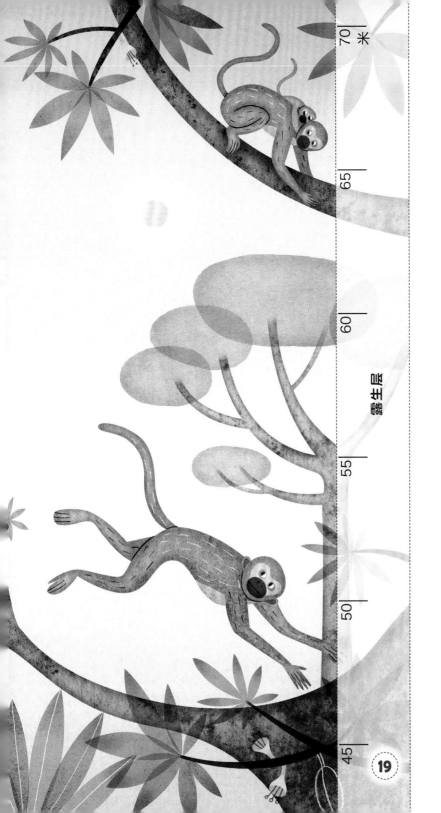

70 米

65

60

露生层

55

50

角雕也栖息在露生层。在这里，对于鸟类来说，定位猎物是很难的，因为树冠太茂密了。不过角雕可以通过灵敏的听觉来寻找猎物。它主要捕猎树懒之类的哺乳动物。

45

19

你永远无法预测在这片潮湿的世界里会遇到什么动物。金刚鹦鹉在高处飞翔；鬣蜥躲藏在树枝中；水豚在地面漫步。如此多的生物生活在这片树木高耸的乐土之中！

雨林分层

露生层
(30—60 米)

松鼠猴

角雕

林冠层
(5—30 米)

巨嘴鸟

树懒

美洲豹

红眼树蛙

下层植被层
(0—5 米)

昆虫

森林地
被层
(0 米)

大犰狳

22

词汇

多样化：由多种样式不同的事物所组成。

森林地被层：雨林最下面的地面层。

养分：物质中所含的能供给机体营养的成分。

下层植被层：雨林里第二矮的一层，由灌木组成。

潮湿：含有比正常状态下较多的水分。

林冠层：森林中互相连接在一起的树冠的总体，形成一层，是雨林里第二高的一层，这里枝叶繁茂。

保留：保存不变。

露生层：雨林中最高的一层，由长得最高的树的树冠组成。

乐土：令人愉悦的地方，但是这一地区周围的环境并不令人喜爱。

图书在版编目（CIP）数据

探寻神奇的动物家园．4，雨林／（加）莫妮卡·戴维斯文；（西）罗米娜·马蒂图；许若青译．－－南昌：江西美术出版社，2021.7
ISBN 978-7-5480-7941-5

Ⅰ．①探… Ⅱ．①莫… ②罗… ③许… Ⅲ．①动物—儿童读物 Ⅳ．① Q95-49

中国版本图书馆 CIP 数据核字 (2020) 第 261229 号

版权合同登记号 14-2020-0170

HOW HIGH IN THE RAINFOREST? RAINFOREST ANIMAL HABITATS
Copyright © 2019 Amicus.
Simplified Chinese copyright © 2021 by Beijing Balala Culture Development Co., Ltd.

出 品 人：周建森
企　划：北京江美长风文化传播有限公司
策　划：巴拉拉
责任编辑：楚天顺 朱鲁巍
特约编辑：吴 迪
美术编辑：童 磊 周伶俐
责任印制：谭 勋

探寻神奇的动物家园　雨林
TANXUN SHENQI DE DONGWU JIAYUAN YULIN

[加] 莫妮卡·戴维斯 / 文　[西] 罗米娜·马蒂 / 图　许若青 / 译

出　版：江西美术出版社		印　刷：北京宝丰印刷有限公司	
地　址：江西省南昌市子安路 66 号		版　次：2021 年 7 月第 1 版	
网　址：www.jxfinearts.com		印　次：2021 年 7 月第 1 次印刷	
电子信箱：jxms163@163.com		开　本：889mm×1194mm 1/20	
电　话：0791-86566274 010-82093785		总 印 张：7.2	
发　行：010-64926438		ISBN 978-7-5480-7941-5	
邮　编：330025		定　价：128.00 元（全 6 册）	
经　销：全国新华书店			